创意数学：我的数学拓展思维训练书

MATH TERPIECES

名画中的数学

［美］格雷戈·唐◎著

［美］格雷戈·帕普罗基◎绘

小杨老师◎译

哈尔滨出版社
H.P.H
HARBIN PUBLISHING HOUSE

作者手记

想要掌握一项技能，无论是音乐、运动还是数学，都需要大量的练习。而想要孩子乐享其中，练习的过程最好有趣且充满挑战。在写这本书时，我希望能真正做到寓教于乐，让孩子在学会解决数学难题的同时，培养勇于挑战的精神和发散思维的能力。

在这本书中，我设计了一些问题，用来帮助5～10岁的孩子掌握两项重要技能。对于低龄一点的孩子来说，侧重点在于加法运算。在本书中，我没有使用简单的数字和符号，而是以分组计算的方法使算术变得生动立体，不再抽象。这种"碎片化"的思维模式对于孩子来说是真正掌握算术的关键。

对于高龄一点的孩子来说，重点在于帮助他们提高解决问题的能力。这些题目是基于概率论下的排列和组合问题提出的，它们能让孩子学会策略性思考，并使用一些计算技巧来节约时间和精力。

对于所有的孩子来说，这又像是一部介绍艺术历史的书籍。我把数学与艺术相结合以达到以下几个目的：首先，用清晰且有吸引力的方式去引导孩子。本书中，我用名画作为背景来增加问题的趣味性和吸引力。其次，我想创造一个激发分析与创造性思维的学习环境。想学好数学不仅需要良好的学习技能，也需要创新的应用能力。最后，我希望鼓励孩子终生欣赏和热爱艺术。培养多才多艺、全面发展的孩子是我创作数学读物的终极目标。

在写这本书时，我从大师们的杰作里得到了一些关于如何以更独立和创新的方式来教授数学的启发。我希望孩子可以在这些多姿多彩的艺术中找到学习灵感。谁说数学就是无趣的？快来享受其中的乐趣吧！

Greg Tang

格雷戈·唐

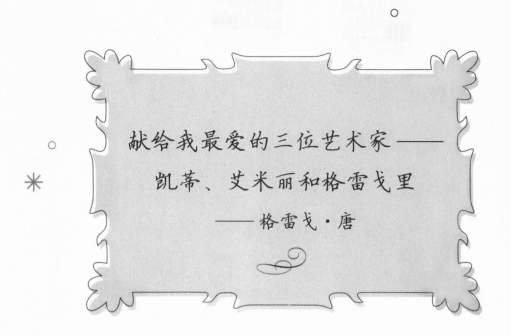

献给我最爱的三位艺术家——
凯蒂、艾米丽和格雷戈里
——格雷戈·唐

你永存我心——
玛姬和埃米尔
——格雷戈·帕普罗基

舞 鞋

　　一位芭蕾舞演员摆了个基本动作，另一位放松了一下酸痛的脚尖。埃德加·德加喜欢描绘各种不同的芭蕾舞场景。

　　你能从这些舞鞋里组合出 **7** 只芭蕾舞鞋吗？

　　如果能想出 **3** 种方法就太棒啦！

美好印象

克劳德·莫奈有一段时间对白杨、干草堆和池塘非常着迷。他在不同的光线下捕捉它们，用画笔挥洒出鲜艳又明亮的色彩。

请试着组合出 **8朵睡莲**，有**4种方法**等你去发掘哟！

四月阵雨

当你欣赏雷诺阿的画作时，愉快的时光似乎永远近在咫尺。一个简单的瞬间就能让他开心起来，一个微笑就能让一天变得美好。

请你组合出 **9 把雨伞**，如果能想出 **5 种方法**就最好啦！

伞（1881 ~ 1886）
·············
皮埃尔·奥古斯特·雷诺阿

桃子狂热者

对保罗·塞尚而言，静物是他最爱的表现题材。一块布，一个花瓶，一堆桃子……他的用色纯净而明亮，巧妙地捕捉了形体与光影。

你能组合出 **10 个水果**吗？如果你足够聪明，就把 **5 种方法**都找出来吧！

星空的力量

星空（1889）

凡·高

看到在夜空中闪闪发亮的星星了吗？这是凡·高的杰作！爆裂的色彩，旋转的星群，这是来自遥远宇宙的力量。

你能将夜空中的星星分组吗？用 **4 种方法** 来组合成 **7 颗星星** 吧！

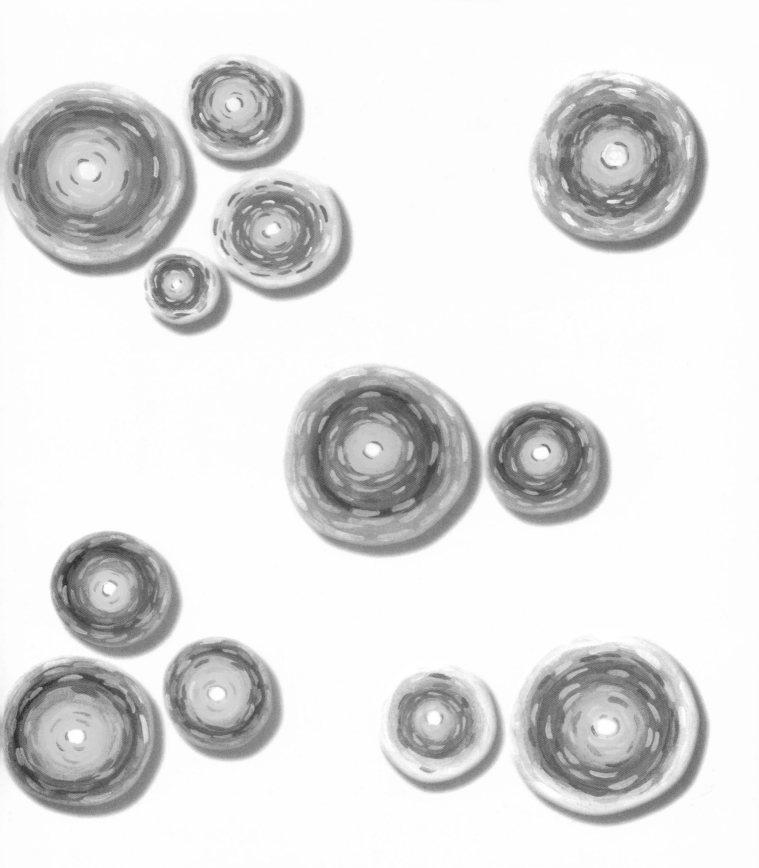

大碗岛的星期日下午（1884～1886）

乔治·修拉

热闹场所

　　乔治·修拉是著名的点彩画派画家，他自创了点彩画这一流派。仔细看你会发现画面上布满了小圆点。离远些看，小圆点们又都消失不见啦！

　　你能组合出 **8** 个**紫色圆点**吗？有 **6** 种**方法**可以做到哦！

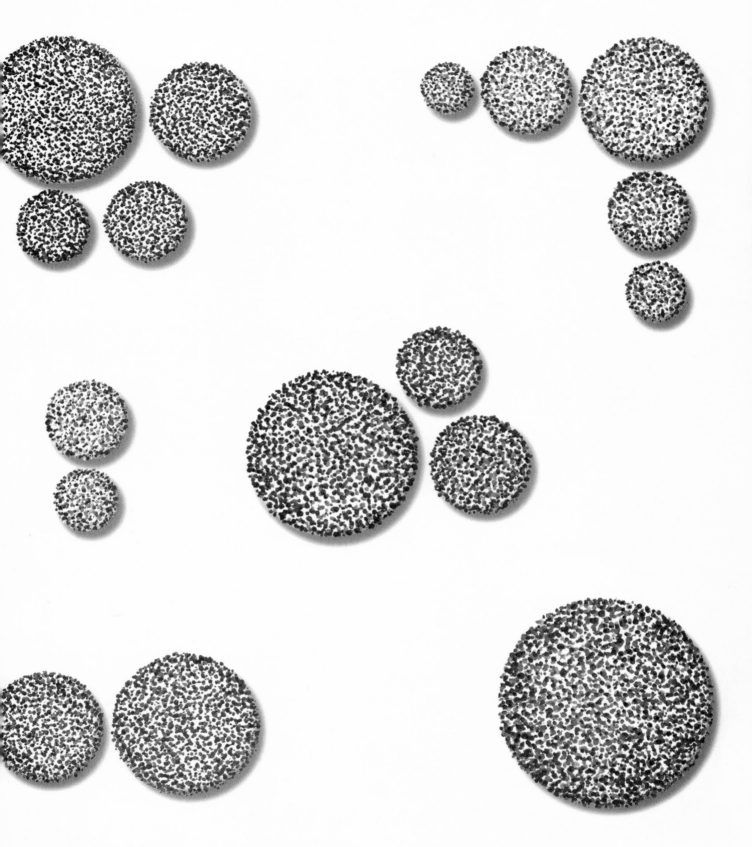

金鱼（约 1912）
亨利·马蒂斯

去钓鱼

多么生动的色彩啊，纯洁又明亮。在很多人眼中，亨利·马蒂斯的画充满震撼力。为此，人们赋予他"野兽派画家"的称号！

请你组合出 **9 条鱼**，一共有 **6 种方法**可以做到哦！

心灵之眼

在毕加索的画中，你可能会同时看到一个物体的正面和侧面！他开创了立体主义风格的先河，改变了我们思考艺术的方式。

试着组合出 **10** 只眼睛，把 **6** 种方法都找出来吧！

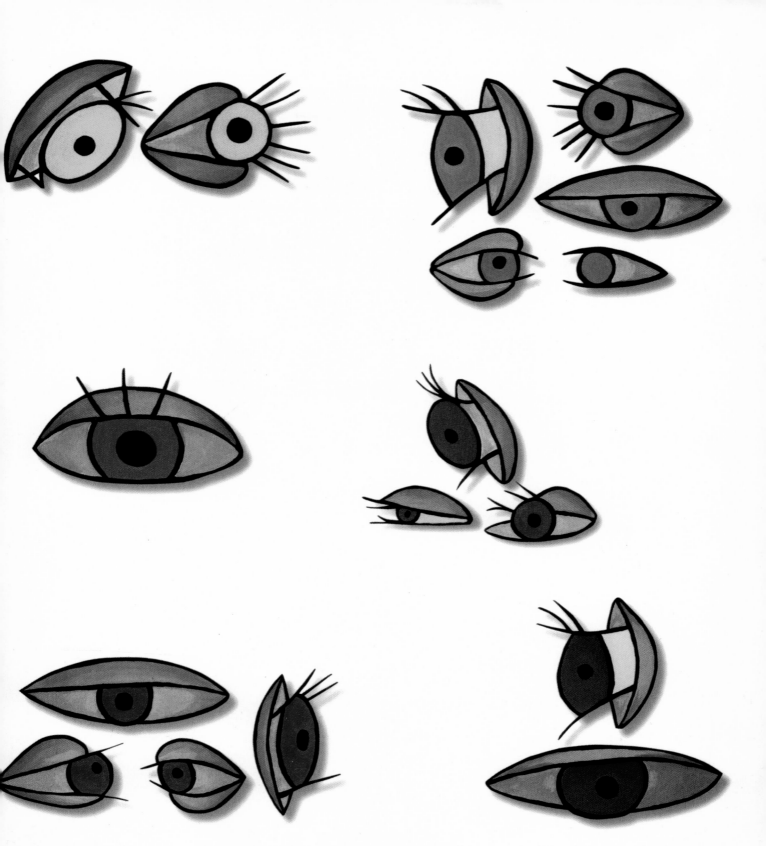

方形交易

红、黄、蓝的
构成（约1930）
皮特·蒙德里安

对于蒙德里安而言，艺术的抽象表现在线条的直和黑上。他在颜色的选择上十分谨慎——只用红、黄、蓝三原色。

你能组合出 **7 个正方形**吗？一共有 **8** 种**方法**！

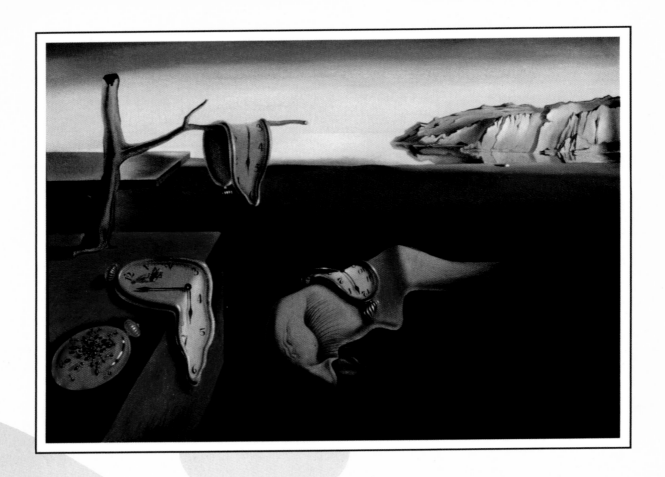

扭曲的时间

记忆的永恒
（1931）
萨尔瓦多·达利

这是梦境还是现实？

超现实主义画风让人难以分辨虚实。达利笔下的钟表曾经走得如此精准，可如今它们就像冰块一样慢慢融化。

找到 **7 种不同**的方法，把**钟表**组合成 **8** 个一组。快快行动起来吧，不然就晚啦！

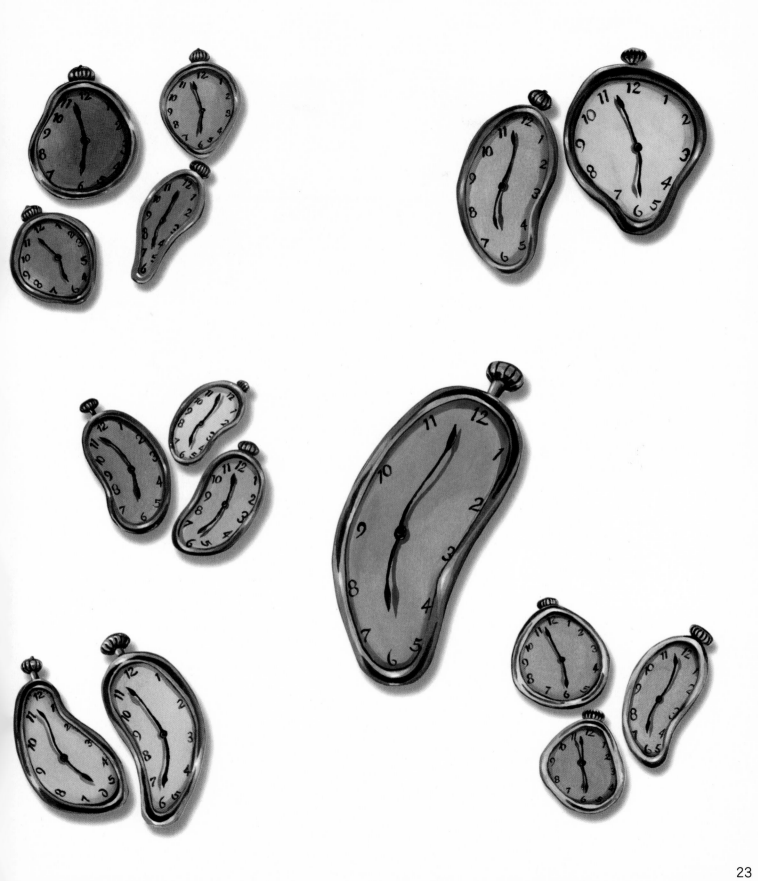

晾干

薰衣草之雾：第1号
（1950）
杰克逊·波洛克

杰克逊·波洛克的这幅画会让你认为，是不是有人洒了一罐墨水在上面？可当你仔细看时，又会发现另一种美。

组合出 **9 滴**飞溅的**水滴**，一共有 **7 种方法**哦！

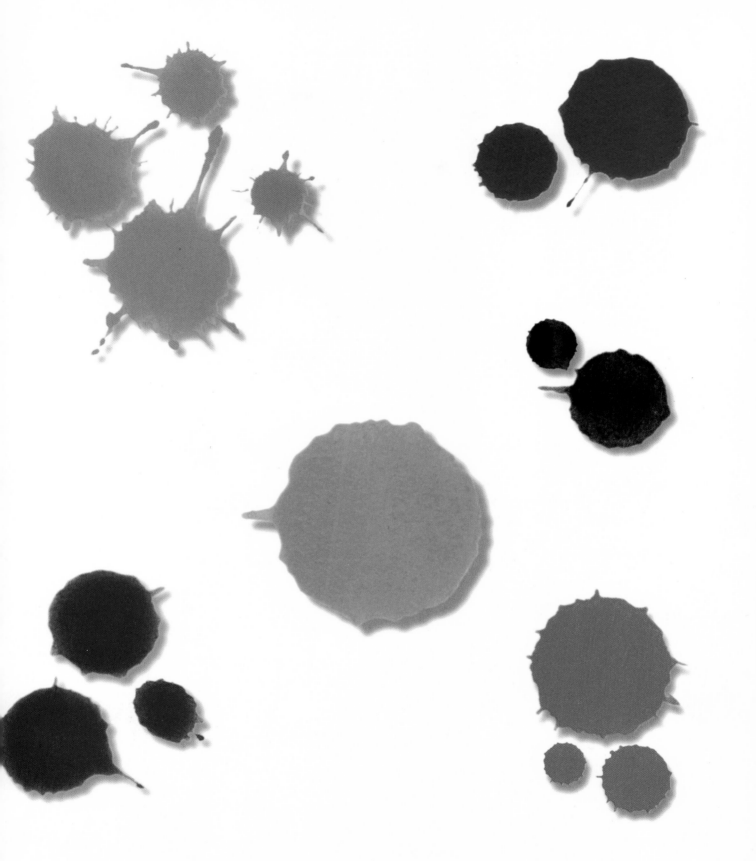

罐头的崛起

安迪·沃霍尔致力于为大众创作艺术。

《金宝汤罐头》《可口可乐》和《玛丽莲·梦露》等都是家喻户晓的作品。

你能组合出 **10 个罐头**吗?

找到 **10 种方法**来分组!

金宝汤罐头:
西红柿(1968)
....
安迪·沃霍尔

参考答案

如果你想快速地解决这些问题，我们需要制定一些系统性的策略，尝试所有可能成功组合的分组。一种有效的方法是先从数值最大的组算起，把它与剩下的组按从大到小的顺序相加，得出结果。再去除最大的组，用第二大的组重复前面的操作，以此类推。通过这个办法，我们才有可能把所有的组合迅速测试完。孩子可以与父母、老师、朋友、兄弟姐妹一起讨论这个方法，一定受益匪浅。

·····ℓℓℓℓ·····

舞鞋

首先从数值最大的一组5开始，把5和剩下的组按从大到小的顺序相加，其中有一个组合可以得到7（5＋2＝7）。

去掉5，把4和剩下的组按从大到小的顺序相加，其中有两个组合可以得到7（4＋3＝7、4＋2＋1＝7）。

去掉4，把3和剩下所有组相加一共才得6，所以3不成立。我们不需要试2或者1，因为它们的和只会更小。

答案：（5＋2＝7）（4＋3＝7）（4＋2＋1＝7）

美好印象

首先从数值最大的一组6开始算。把6和剩下的组按从大到小的顺序相加。其中有一个组合可以得到8（6＋2＝8）。

把6去掉，来试试5。把5和剩下的组按从大到小的顺序相加。其中有两个组合可以得到8（5＋3＝8、5＋2＋1＝8）。

现在来试试4。把4和剩下的组按从大到小的顺序相加。其中有一个组合可以得到8（4＋3＋1＝8）。

把4去掉，试试3。3和剩下所有组相加一共才得6，所以3不成立。我们不需要试2或者1，因为它们的和只会更小。

答案：（6＋2＝8）（5＋3＝8）（5＋2＋1＝8）（4＋3＋1＝8）

四月阵雨

首先从数值最大的一组6开始算。把6和剩下的组按从大到小的顺序相加。其中有两个组合可以得到9（6＋3＝9、6＋2＋1＝9）。

去掉6，把5和剩下的组按从大到小的顺序相加。其中有两个组合可以得到9（5＋4＝9、5＋3＋1＝9）。

去掉5，把4和剩下的组按从大到小的顺序相加。其中有一个组合可以得到9（4＋3＋2＝9）。

去掉4，把3和剩下所有组相加一共才得6，所以3不成立。我们不需要试2或者1，因为它们的和只会更小。

答案：（6＋3＝9）（6＋2＋1＝9）（5＋4＝9）（5＋3＋1＝9）（4＋3＋2＝9）

桃子狂热者

首先从数值最大的一组 6 开始。把 6 和剩下的组按从大到小的顺序相加。其中有两个组合可以得到 10（6 + 4 = 10、6 + 3 + 1 = 10）。

去掉 6，把 5 和剩下的组从大到小的顺序相加。其中有两个组合可以得到 10（5 + 4 + 1 = 10、5 + 3 + 2 = 10）。

现在来试试 4。把 4 和剩下的组按从大到小的顺序相加。这里有一个组合可以得到 10（4 + 3 + 2 + 1 = 10）。

去掉 4，最后来试试 3。3 和剩下所有组相加一共才得 6，所以 3 不成立。我们不需要试 2 或者 1，因为它们的和只会更小。

答案：（6 + 4 = 10）（6 + 3 + 1 = 10）（5 + 4 + 1 = 10）（5 + 3 + 2 = 10）（4 + 3 + 2 + 1=10）

星空的力量

首先从数值最大的一组 4 开始算。把 4 和剩下的组按从大到小的顺序相加。其中有三个组合可以得到 7（4 + 3 = 7、4 + 2 + 1 = 7、4 + 2 + 1 = 7）。

去掉 4，把 3 和剩下的组按从大到小的顺序相加。其中有一个组合可以得到 7（3 + 2 + 2 = 7）。

这组图中，有两组数值都是 2。把 3 去掉，来试试第一个 2。把 2 和剩下所有组相加一共才得 5，所以 2 不成立。我们不需要试另外一个 2 或者 1，因为它们的和会更小。

答案：（4 + 3 = 7）（4 + 2 + 1 = 7）（4 + 2 + 1 = 7）（3 + 2 + 2 = 7）

热闹场所

首先从数值最大的一组 5 开始算。把 5 和剩下的组按从大到小的顺序相加。其中有三个组合可以得到 8（5 + 3 = 8、5 + 2 + 1 = 8、5 + 2 + 1 = 8）。

去掉 5，把 4 和剩下的组按从大到小的顺序相加。其中有两个组合可以得到 8（4 + 3 + 1 = 8、4 + 2 + 2 = 8）。

去掉 4，现在来试试 3。把 3 和剩下的组按从大到小的顺序相加。其中有一个组合可以得到 8（3 + 2 + 2 + 1 = 8）。

去掉 3，把 2 和剩下所有组相加一共才得 5，所以 2 不成立。我们不需要试另外一个 2 或者 1，因为它们的和只会更小。

答案：（5 + 3 = 8）（5 + 2 + 1 = 8）（5 + 2 + 1 = 8）（4 + 3 + 1 = 8）（4 + 2 + 2 = 8）（3 + 2 + 2 + 1 = 8）

去钓鱼

首先从数值最大的一组 5 开始算。把 5 和剩下的组按从大到小的顺序相加。其中有三个组合可以得到 9（5 + 4 = 9、5 + 3 + 1 = 9、5 + 3 + 1 = 9）。

去掉 5，把 4 和剩下的组按从大到小的顺序相加。其中有两个组合可以得到 9（4 + 3 + 2 = 9、4 + 3 + 2 = 9）。

这组图中，有两组数值都是 3。把 4 去掉，现在来试试第一个 3。把 3 和剩下的组按从大到小的顺序相加。其中有一个组合可以得到 9（3 + 3 + 2 + 1 = 9）。

去掉 3，现在来试试第二个 3。把 3 和剩下所有组相加一共才得 6，所以 3 不成立。我们不需要试 2 或者 1，因为它们的和只会更小。

答案：（5 + 4 = 9）（5 + 3 + 1 = 9）（5 + 3 + 1 = 9）（4 + 3 + 2 = 9）（4 + 3 + 2 = 9）（3 + 3 + 2 + 1 = 9）

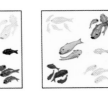

心灵之眼

首先从数值最大的一组5开始算。把5和剩下的组按从大到小的顺序相加。其中有四个组合可以得到10（5＋4＋1＝10、5＋3＋2＝10、5＋3＋2＝10、5＋2＋2＋1＝10）。

去掉5，把4和剩下的组按从大到小的顺序相加。其中有两个组合可以得到10（4＋3＋2＋1＝10、4＋3＋2＋1＝10）。

去掉4，来试试3。把3和剩下所有组相加一共才得8，所以3不成立。我们不需要试2或者1，因为它们的和只会更小。

答案：（5＋4＋1＝10）（5＋3＋2＝10）（5＋3＋2＝10）（5＋2＋2＋1＝10）（4＋3＋2＋1＝10）（4＋3＋2＋1＝10）

方形交易

首先从数值最大的一组3开始算。一共有两组3。把第一组3和剩下的组按从大到小的顺序相加。其中有五个组合可以得到7（3＋3＋1＝7、3＋3＋1＝7、3＋2＋2＝7、3＋2＋1＋1＝7、3＋2＋1＋1＝7）。

把3去掉，试试另一组3。把3和剩下的组按从大到小的顺序相加。其中有三个组合可以得到7（3＋2＋2＝7、3＋2＋1＋1＝7、3＋2＋1＋1＝7）。

这组图中，有两组数值都是2。去掉3，来试试第一个2。把2和剩下所有组相加一共才得6，所以2不成立。我们不需要试另外一个2或者1，因为它们的和只会更小。

答案：（3＋3＋1＝7）（3＋3＋1＝7）（3＋2＋2＝7）（3＋2＋1＋1＝7）（3＋2＋1＋1＝7）（3＋2＋2＝7）（3＋2＋1＋1＝7）（3＋2＋1＋1＝7）

扭曲的时间

首先从数值最大的一组4开始算。把4和剩下的组按从大到小的顺序相加。其中有三个组合可以得到8（4＋3＋1＝8、4＋3＋1＝8、4＋2＋2＝8）。

这组图中，有两组数值都是3。去掉4，把第一组3和剩下的组按从大到小的顺序相加。其中有三个组合可以得到8（3＋3＋2＝8、3＋3＋2＝8、3＋2＋2＋1＝8）。

现在来试试另外一组3。把3和剩下的组按从大到小的顺序相加。其中有一个组合可以得到8（3＋2＋2＋1＝8）。

去掉3，试试把2和剩下所有组相加一共才得5，所以2不成立。我们不需要试另外一个2或者1，因为它们的和只会更小。

答案：（4＋3＋1＝8）（4＋3＋1＝8）（4＋2＋2＝8）（3＋3＋2＝8）（3＋3＋2＝8）（3＋2＋2＋1＝8）（3＋2＋2＋1＝8）

晾干

首先从数值最大的一组4开始算。把4和剩下的组按从大到小的顺序相加。其中有五个组合可以得到9（4＋3＋2＝9、4＋3＋2＝9、4＋3＋2＝9、4＋3＋2＝9、4＋2＋2＋1＝9）。

把4去掉，来试试3。这组图中，有两组数值都是3。把第一组3和剩下的组按从大到小的顺序相加。其中有两个组合可以得到9（3＋3＋2＋1＝9、3＋3＋2＋1＝9）。

把第一组3去掉，试试把第二组3和剩下所有组相加一共才得8，所以3不成立。我们不需要试2或者1，因为它们的和只会更小。

答案：（4＋3＋2＝9）（4＋3＋2＝9）（4＋3＋2＝9）（4＋3＋2＝9）（4＋2＋2＋1＝9）（3＋3＋2＋1＝9）（3＋3＋2＋1＝9）

罐头的崛起

首先从数值最大的一组开始算。在这道题中，数值最大的组是5，一共有两组。把第一组5和剩下的组按从大到小的顺序相加。其中有四个组合可以得到10（5＋5＝10、5＋4＋1＝10、5＋4＋1＝10、5＋3＋2＝10）。

把第一组5去掉，试试第二组5。把5和剩下的组按从大到小的顺序相加。其中有三个组合可以得到10（5＋4＋1＝10、5＋4＋1＝10、5＋3＋2＝10）。

把第二组5去掉，来试试第一组4。把4和剩下的组按从大到小的顺序相加。其中有两个组合可以得到10（4＋4＋2＝10、4＋3＋2＋1＝10）。

把第一组4去掉，再来试试把第二组4和剩下的组按从大到小的顺序相加。其中有一个组合可以得到10（4＋3＋2＋1＝10）。

把第二组4去掉，现在来试试3。把3和剩下所有组相加一共才得6，所以3不成立。我们不需要试2或者1，因为它们的和只会更小。

答案：（5＋5＝10）　（5＋4＋1＝10）　（5＋4＋1＝10）
（5＋3＋2＝10）　（5＋4＋1＝10）　（5＋4＋1＝10）
（5＋3＋2＝10）　（4＋4＋2＝10）　（4＋3＋2＋1＝10）
（4＋3＋2＋1＝10）

·····～～∞∞∞～～·····

就像解数学题一样，艺术世界同样广阔，充满了创意与灵感。以下是对本书中所描述的艺术风格的简要定义。你也可以去当地书店、图书馆或艺术博物馆搜寻更多信息。

印象派（约1870年）：印象派擅长通过杂乱的点、线或用画笔在画布上轻拍来渲染物体，达到一种自然的效果。（第4、6、8页）

后印象派（约1890年）：后印象派在传统印象派画法上寻求突破，更着重于表达画作里所蕴藏的情绪。（第10、12页）

点彩画派（约1901年）：这类画作，由许多细小的点构成，远距离很难察觉出来。修拉可能是最著名的点彩画派画家。（第14页）

野兽派（约1905年）：从法语词汇"fauvs"演变而来，用来形容一些画风强烈、色彩醒目、呈现出扭曲夸张状态的先锋画作。（第16页）

立体主义（约1910年）：批判家们创造出这个名词，用来形容由平面、角、尖锐的边缘构成的碎片型艺术作品。毕加索是最有名的立体主义画家。（第18页）

抽象派（约1912年）：抽象派画作不拘泥于元素的形状，而是更注重元素的设计与组合。蒙德里安就是一位抽象派大师。（第20页）

超现实主义（约1924年）：形容受梦境启发或是有梦境性质的画作。达利就是最著名的超现实主义画家之一。（第22页）

抽象表现主义（约1945年）：一种由各种不同的类型、绘画技巧组合而成的画作，许多艺术家使用不同寻常的方法来表达他们画作中的情感。（第24页）

波普艺术（1950～1960年）：也称作Pop Art，这类艺术受到了美国流行艺术和商业文化的启发。沃霍尔是这类艺术最杰出的代表之一。（第26页）

黑版贸审字 08-2019-237 号

图书在版编目（CIP）数据

名画中的数学 / (美) 格雷戈·唐（Greg Tang）著；
(美) 格雷戈·帕普罗基（Greg Paprocki）绘；小杨老
师译. — 哈尔滨：哈尔滨出版社, 2020.11
（创意数学：我的数学拓展思维训练书）
书名原文：MATH-TERPIECES
ISBN 978-7-5484-5077-1

Ⅰ.①名… Ⅱ.①格… ②格… ③小… Ⅲ.①数学 –
儿童读物 Ⅳ.①O1-49

中国版本图书馆CIP数据核字(2020)第003897号

书　　名：创意数学：我的数学拓展思维训练书. 名画中的数学
CHUANGYI SHUXUE:WODE SHUXUE TUOZHAN SIWEI
XUNLIAN SHU.MINGHUA ZHONG DE SHUXUE

作　者：[美]格雷戈·唐 著　[美]格雷戈·帕普罗基 绘　小杨老师 译
责任编辑：滕 达 尉晓敏　　责任审校：李 战
特约编辑：李静怡 翟羽佳　　美术设计：官 兰

出版发行　哈尔滨出版社（Harbin Publishing House）
社　　址　哈尔滨市松北区世坤路738号9号楼　邮编：150028
经　　销　全国新华书店
印　　刷　深圳市彩美印刷有限公司
网　　址　www.hrbcbs.com　　www.mifengniao.com
E-mail　hrbcbs@yeah.net
编辑版权热线：（0451）87900271　87900272
销售热线：（0451）87900202　87900203

开　本：889mm×1194mm　1/16　印张：19　字数：64千字
版　次：2020年11月第1版
印　次：2020年11月第1次印刷
书　号：ISBN 978-7-5484-5077-1
定　价：158.00元（全8册）

凡购本社图书发现印装错误，请与本社印制部联系调换。
服务热线：（0451）87900278